우주의 비밀을 알아냈다는 이유로
옳은 말을 하고도 무거운 벌을 받았던 갈릴레이.
그가 우리에게 남긴 값진 교훈은 무엇일까요?

나의 첫 과학책 2

지구가 빙글빙글 돈다고?
갈릴레오 갈릴레이

박병철 글 | 문구선 그림

그 옛날, 그리스의 철학자 아리스토텔레스가 자연의 법칙을 주장한 후로
거의 1800년 동안 과학은 별로 달라진 것이 없었습니다.
그동안 사람들은 지구가 우주의 중심이고,
태양과 달과 별들이 지구 주변을 돌고 있다는 천동설을 철석같이 믿었지요.

사실 당시 사람들에겐 너무나 당연한 사실처럼 보였습니다.
만일 지구가 움직이고 있다면 매일같이 세찬 바람이 불어야 할 텐데,
하늘이 고요한 날도 많았으니까요.
게다가 기독교의 성직자들이 천동설이 옳다고 믿으며
지구가 움직인다고 주장하는 것을 금지해 버렸습니다.

이 모든 것을 바꿔 놓을 한 아이가 1564년에
'기울어진 탑(사탑)'으로 유명한 이탈리아의 피사에서 태어났습니다.
아버지 빈센초 갈릴레이는 가난한 음악가였는데,
첫아들의 이름을 집안의 성과 비슷하게 짓는 전통에 따라
아이에게 **갈릴레오 갈릴레이**라는 이름을 지어 주었지요.
그 소년은 어린 시절부터 손재주가 좋아서 여러 가지 모형을 만들었고,
호기심이 많아서 아무리 사소한 일도 그냥 넘어가는 법이 없었습니다.

갈릴레이는 어린 시절에 학교에 가지 않고 집에서 아버지에게 교육을 받다가
11살이 되던 해에 피렌체에 있는 수도원에 들어가
라틴어와 철학, 문학 그리고 음악과 미술을 배웠습니다.
갈릴레이는 자연과 별에 흠뻑 빠져 자연 과학자가 되고 싶었지만,
아버지의 뜻에 따라 피사 대학교에서 의학을 공부했지요.
대학에 입학하고 몇 년이 지난 후에
갈릴레이는 '마페오 바르베리니'라는 후배를 알게 됩니다.

피사 대학교에서 신학을 공부했던 마페오는
성경책을 최고의 진리로 여기는 독실한 기독교 신자였습니다.

마페오: 또 코페르니쿠스*의 책을 읽고 계시네요. 그거 아주 위험한 책인데…….
갈릴레이: 지구가 태양 주변을 돈다는 건 그저 이론일 뿐인데, 뭐 어때?
마페오: 성경에 하나님께서 하늘의 해를 향해 "그 자리에 멈춰 서라!"는
　　　　명령을 내렸다는 구절이 있잖아요.

● 코페르니쿠스　　지구가 태양 주변을 돌고 있다는 '지동설'을 처음 주장한 사람.

갈릴레이는 움직이는 물체에도 관심이 아주 많았습니다.
의학 공부는 뒷전이고, 엉뚱한 일에 열심이었지요.

"무거운 물체는 정말로 가벼운 물체보다 빨리 떨어질까?
떨어지는 물체는 왜 점점 빨라질까?"

그는 여러 가지 물체를 높은 곳에서 떨어뜨린 후
바닥에 떨어질 때까지 걸리는 시간을 재 보았습니다.
하지만 그 무렵에 고층 건물에 속했던 4층 옥상에서 물체를 떨어뜨려도
바닥에 닿을 때까지 2초가 채 걸리지 않았기 때문에
정확한 시간을 재기가 아주 어려웠습니다.
당시에는 그 정도로 정확한 시계가 없었거든요.

그러던 어느 날, 갈릴레이는 피사에 있는 대성당에서 예배를 보다가
문득 천장에 매달린 조명등에 눈길이 꽂혔습니다.
열린 창문 틈새로 바람이 들어와 조명등이 조금씩 흔들리고 있었는데,
갈릴레이는 음악가 아버지에게 물려받은 박자 감각을 발휘해서
조명등이 한 번 흔들리는 데 걸리는 시간을 재 보았습니다.

"하나… 똑, 둘… 딱, 셋… 똑, 어라? 이거 신기한데?
진폭*이 크건 작건 주기*가 모두 똑같잖아?"

- **진폭** 조명등이 좌우로 흔들리는 폭.
- **주기** 조명등이 한 번 흔들리는 데 걸리는 시간.

호기심이 발동한 갈릴레이는 집으로 돌아와 실험을 해 보았습니다.
묵직한 추를 실로 묶어서 천장에 매달아 놓고 한 번 흔들리는 데 걸리는 시간,
즉 주기를 측정한 것이지요. 이런 장치를 단진자라고 부르는데,
과연 그의 생각대로 단진자는 작게 흔들리건 좀 더 크게 흔들리건
한 번 흔들리는 데 걸리는 시간이 똑같았습니다.
이것은 엄청난 발견이었습니다. 왜냐하면 단진자는
떨어지는 물체의 빠르기를 측정할 수 있는 '초시계' 역할을 했으니까요.

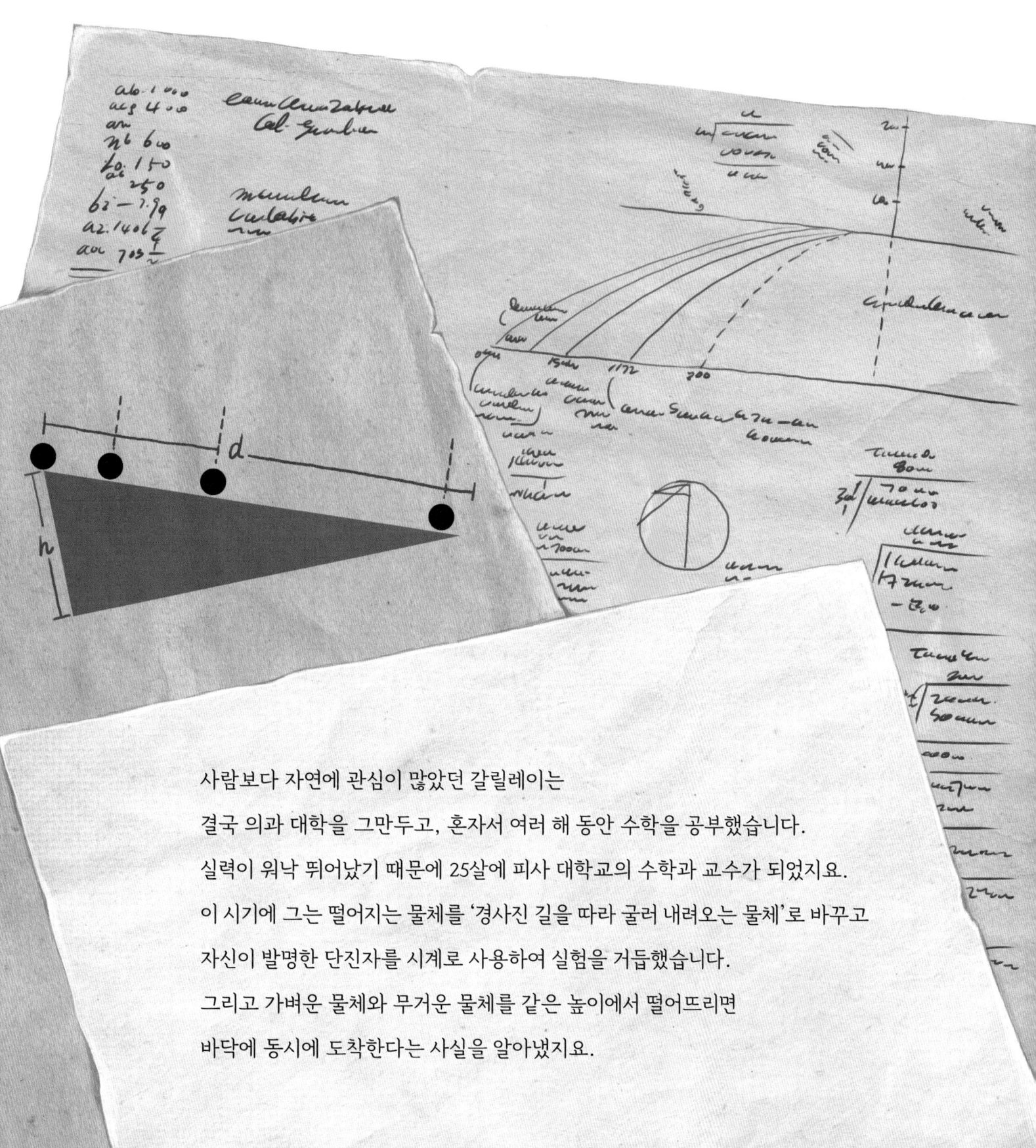

사람보다 자연에 관심이 많았던 갈릴레이는
결국 의과 대학을 그만두고, 혼자서 여러 해 동안 수학을 공부했습니다.
실력이 워낙 뛰어났기 때문에 25살에 피사 대학교의 수학과 교수가 되었지요.
이 시기에 그는 떨어지는 물체를 '경사진 길을 따라 굴러 내려오는 물체'로 바꾸고
자신이 발명한 단진자를 시계로 사용하여 실험을 거듭했습니다.
그리고 가벼운 물체와 무거운 물체를 같은 높이에서 떨어뜨리면
바닥에 동시에 도착한다는 사실을 알아냈지요.

그 무렵, 로마에서는 심상치 않은 일이 벌어지고 있었습니다.
조르다노 브루노라는 철학자가 기독교에 맞서 자신의 주장을 펼친 것입니다.

"우주는 무한히 크고, 태양과 같은 별이 사방에 널려 있으며,
지구는 태양의 주변을 돌고 있는 작은 행성일 뿐이다!"

이에 화가 난 성직자들은 브루노를 감옥에 가두고 잘못을 인정하라고 다그쳤지만,
브루노는 자신의 주장을 끝까지 굽히지 않았지요.

그 후 브루노는 7년에 걸쳐 종교 재판을 받으면서 온갖 고생을 하다가
결국 1600년에 사형 선고를 받고 세상을 떠났습니다.
당시 왕보다 막강한 권력을 가졌던 로마의 교황청은
자신들의 생각과 조금이라도 다른 주장을 하면
남녀노소를 가리지 않고 가혹한 벌을 내리곤 했습니다.
그러니까 갈릴레이가 살았던 시대는
과학보다 종교가 훨씬 중요한 시대였던 것이지요.

1608년, 네덜란드의 한스 리페르헤이라는 사람이
멀리 있는 물체를 크게 확대해서 보여 주는 '망원경'을 최초로 발명했습니다.
이 소식을 들은 갈릴레이는 뛰어난 손재주를 발휘하여
망원경의 렌즈를 더 크고 정교하게 다듬어서
성능이 훨씬 좋은 망원경을 만들었습니다.
그러고는 이 세상 누구도 한 적 없는 일을 하기 시작했습니다.
자신이 만든 망원경으로 하늘을 올려다본 것이지요.
그렇습니다. 갈릴레이는 망원경으로 우주를 관측한 최초의 지구인이었습니다.

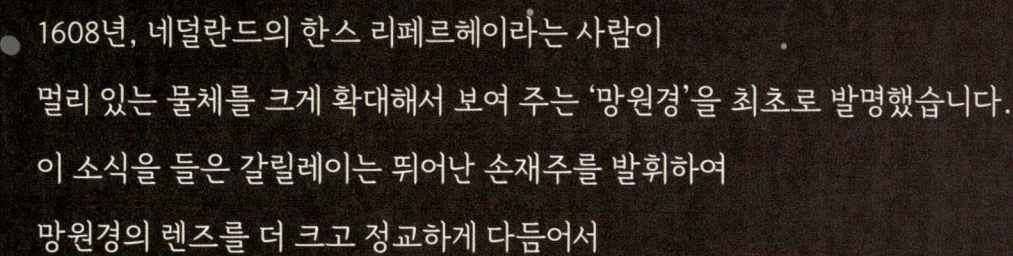

망원경으로 바라본 하늘은 완전히 딴 세상이었습니다.
매끈하다고 믿었던 달은 마치 돌멩이에 얻어맞은 피자 반죽처럼
커다란 구덩이가 곳곳에 패여 있었지요.
항상 점으로 보였던 금성은 달처럼 크기가 커졌다가 작아지기를 반복했습니다.
그리고 목성에서는 지구의 달처럼 목성 주변을 도는 위성이
무려 네 개나 발견되었지요.
이 네 개의 위성들은 지금도 '갈릴레이 위성'으로 불리고 있답니다.

갈릴레이는 이 모든 내용을 엮어서
1610년에 《별에서 온 소식》이라는 책으로 발표했습니다.
그중 한 부분만 골라서 읽어 볼까요?

나는 직접 만든 망원경으로 은하수를 관측하다가
오랜 세월 동안 철학자들을 괴롭혀 온 문제의 해답을 찾았다.
은하수는 수없이 많은 별들이 하나로 뭉쳐 있는 거대한 덩어리일 뿐이다.
…
또한 내가 얻은 관측 자료들은
천동설이 틀렸음을 분명하게 보여 주고 있다.

갈릴레이는 망원경으로 별과 행성의 움직임을 분석하다가
천동설이 틀렸다는 사실을 알아냈고
책의 곳곳에 지동설을 지지하는 글을 적어 놓았습니다.

《별에서 온 소식》은 출간되자마자 대박을 터뜨렸습니다.
'우주를 눈으로 직접 본 유일한 지구인'이 쓴 책이니,
사람들이 열광한 것은 당연한 일이었지요.
이 책 덕분에 갈릴레이는 세계적으로 유명한 과학자가 되었고
로마의 교황도 감명을 받아 갈릴레이를 교황청으로 초대했습니다.
20여 년 전에 갈릴레이가 단순하다고 놀렸던 마페오 바르베리니도
어느덧 추기경*이 되어 교황청에 와 있었지요.

● **추기경**   로마 교회에서 교황 다음가는 지위.

이때 추기경의 말을 귀담아들었다면
갈릴레이는 최고의 과학자라는 명성을 누리면서
남은 인생을 편하게 살았을 것입니다.
그러나 종교보다 과학을 중요하게 생각했던 갈릴레이는
그 후에도 관측을 계속하면서 지동설을 주장했지요.
사실 지동설을 처음 주장한 사람은 갈릴레이가 아니었습니다.

갈릴레이가 태어나기 30년쯤 전에, 니콜라우스 코페르니쿠스라는
폴란드의 천문학자가 맨눈으로 하늘을 관측하다가
'움직이는 것은 태양이 아닌 지구'라고 결론지었습니다.
코페르니쿠스도 이런 주장이 담긴 책을 썼고,
사람들도 아무렇지 않게 그 책을 읽었습니다.
그런데 갈릴레이의 《별에서 온 소식》에 위기를 느낀 성직자들이
1616년에 코페르니쿠스의 책을 '절대로 읽으면 안 되는 책'으로 정해 버렸습니다.
그리고 갈릴레이에게도 명령이 떨어졌지요.

"그동안의 잘못을 깊이 반성하고 코페르니쿠스를 지지하는 어떤 말도 하지 마라!"

그로부터 몇 년 후, 갈릴레이에게 기쁜 소식이 들려왔습니다.
젊은 시절부터 친하게 지냈던 마페오 바르베리니 추기경이
1623년에 기독교 최고 지도자인 교황으로 즉위한 것입니다.
갈릴레이는 바로 그 해에 《시금관》이라는 책을 써서
새로 즉위한 교황에게 바쳤습니다. 앞으로 잘 봐 달라는 뜻이었을 겁니다.
그다음 해에는 교황을 찾아가 망원경으로 본 우주 이야기도 들려주었지요.

보내 주신 책은 정말 걸작이더군요. 역시 최고의 과학자십니다. 코페르니쿠스라는 이름을 단 한 번도 쓰지 않고 당신의 의견을 아주 명쾌하게 밝혔더군요. 대단합니다.

황공합니다. 그저 미천한 학자의 생각일 뿐입니다. 칭찬해 주시니 몸 둘 바를 모르겠습니다. 감사합니다.

말은 그렇게 했지만, 속으로는 만세를 부르고 있었을 겁니다.
최고 권력자인 교황이 자신을 응원한다니, 세상을 다 얻은 기분이었겠지요.
의기양양하게 집으로 돌아온 갈릴레이는 평생 연구해 온 우주를 주제로
일생일대의 걸작을 쓰기로 마음먹었습니다.

"어디 보자, 사람들이 쉽게 읽으려면 대화체가 좋을 것 같고,
 두 사람이 등장하면 말싸움이 되기 쉬우니까 세 사람을 등장시켜야겠군."

그리하여 갈릴레이는 지동설을 주장하는 '살비아티'와
천동설을 굳게 믿는 '심플리치오',
그리고 어느 쪽 편도 들지 않는 '사그레도'라는 세 사람을 등장시켜서
나흘 동안 우주에 관한 대화를 나누는 형식으로 글을 써 내려가기 시작했습니다.
심플리치오…… 어디선가 들어 본 이름이지요?
왠지 불길한 느낌이 드는군요.

책의 제목은 《두 가지 우주에 관한 대화》였습니다.

여기서 두 가지란, 물론 천동설과 지동설을 뜻하는 말이지요.

그런데 문제는 등장인물이 펼치는 논리와 말투였습니다.

지동설을 주장하는 살비아티는 매우 똑똑한데,

천동설을 믿는 심플리치오는 조금 모자라는 사람처럼 써 놓았거든요.

게다가 심플리치오가 잘 알지도 못하면서 고집을 부리면

살비아티는 엉뚱한 말을 하며 심플리치오를 놀려 댔습니다.

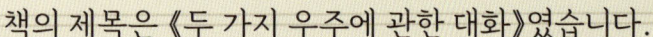

살비아티: 이건 당신이 직접 실험해 본 건가요?

심플리치오: 아뇨, 하지만 책에 그렇게 써 있어요. 사람들도 그렇게 믿고 있고요.

살비아티: 그럼, 그 책을 쓴 사람은 실험을 했답니까?

심플리치오: 그야, 저도 모르죠.

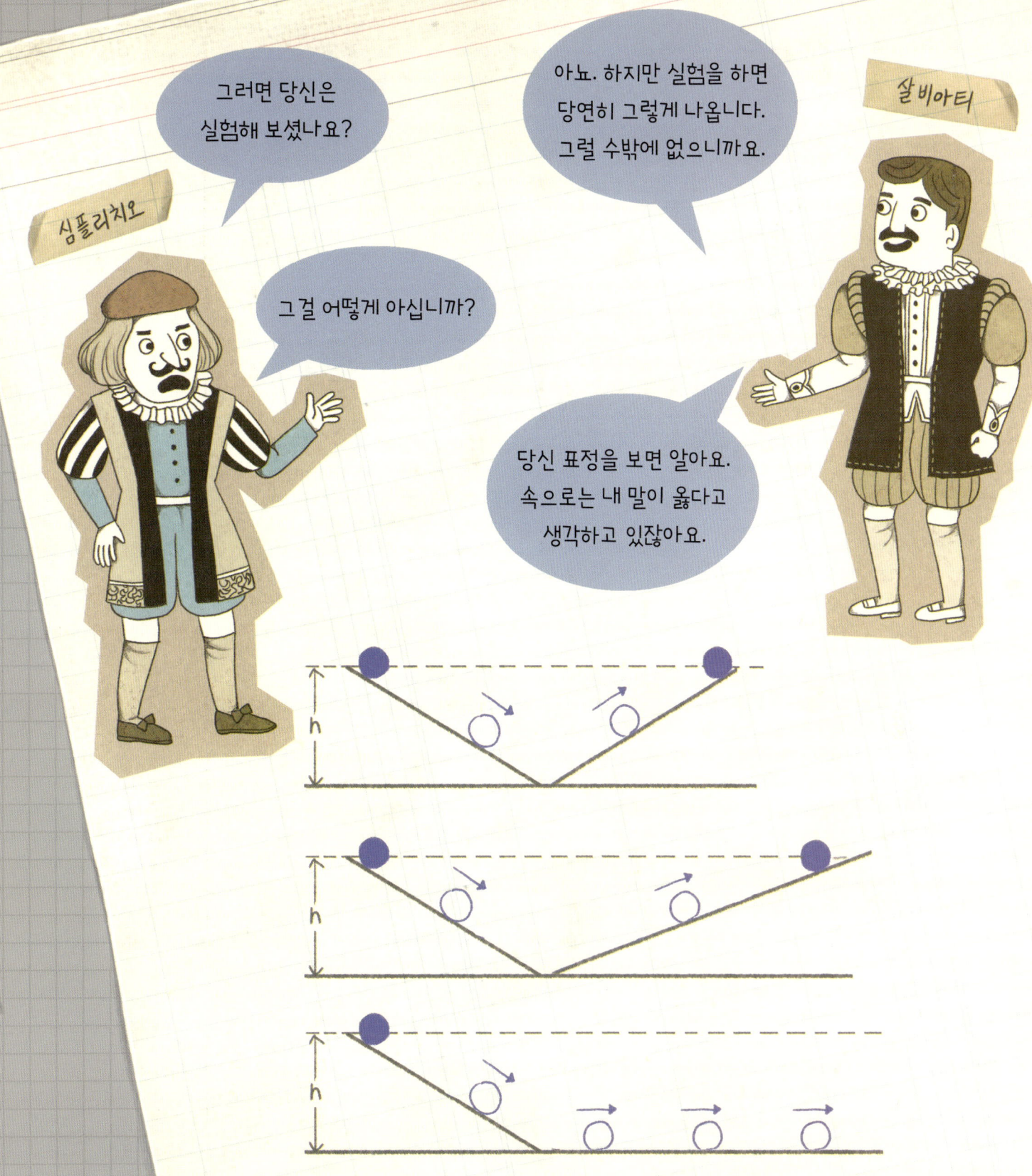

심플리치오는 살비아티가 지동설을 주장할 때마다 반대하지만,
살비아티의 깔끔한 설명에 아무 대꾸도 못 합니다.
사그레도는 어느 쪽 편도 들지 않는다고 했는데,
자세히 읽어 보면 은근히 살비아티의 편을 들고 있지요.
그래도 갈릴레이는 교황청이 신경 쓰였는지,
책의 마지막 부분에 다음과 같이 적어 놓았습니다.

지금까지 제가 한 말이 옳다고
우길 생각은 조금도 없습니다.
사실은 저도 잘 몰라요. 기분 나쁘셨다면
사과드리겠습니다.

《두 가지 우주에 관한 대화》는 1632년에 출간되자마자 큰 인기를 끌었습니다. 그러나 여섯 달 후에 교황청은 갑자기 책의 판매를 금지시키고 갈릴레이에게 당장 교황청으로 출두하라고 명령을 내렸습니다. 당시 갈릴레이는 68세였고 병까지 앓고 있었지만, 명령을 어길 수 없었지요. 로마로 가는 내내 갈릴레이의 머릿속에서는 똑같은 질문이 맴돌고 있었습니다.

"그토록 친절하고 자비로운 교황께서 왜 화가 나셨을까? 나의 열정을 응원하겠다던 분이 왜 마음을 바꾸신 걸까?"

로마에 도착하자마자 갈릴레이는 곧바로 종교 재판에 끌려갔습니다.
그의 책이 고지식한 성직자들의 심기를 제대로 건드린 것입니다.
갈릴레이는 교황을 만나게 해 달라고 애원했지만
하필 교황은 다른 일 때문에 외국에 나가 있었지요.
이제 갈릴레이의 운명은 교황청의 재판관들 손에 달려 있었습니다.

재판관: 그대의 책은 교황을 모독했다. 인정하는가?

갈릴레이: 그 책에는 교황에 대한 이야기가 전혀 없는데요.

재판관: 심플리치오가 교황을 빗댄 인물이라는 거, 우리가 모를 줄 아는가?

갈릴레이: 절대 그렇지 않습니다. 심플리치오는 천 년 전에 살았던 학자의 이름입니다.

재판관: 또한 그대는 과거에 했던 서약을 어기고 지동설을 지지했다.

갈릴레이: 아닙니다. 그냥 천동설과 지동설을 비교한 것뿐입니다. 저는 지동설을 소개만 했을 뿐, 지지하지는 않았습니다.

재판은 이런 식으로 무려 두 달 동안 계속되었습니다.
처음에 갈릴레이는 필사적으로 자신을 변호했지만
재판이 끝날 무렵에는 고개를 떨구고 모든 혐의를 인정했지요.
자신도 브루노처럼 죽을 수도 있다고 생각했기 때문입니다.
결국 종교 재판관은 다음과 같은 판결을 내렸습니다.

"갈릴레이는 교회와의 서약을 어기고 지동설을 지지했으며 교황을 모욕했다.
갈릴레이에게 평생 집 밖으로 나가는 것을 금지하며,
지동설을 주장하는 모든 활동도 금지한다.
이 명령을 어길 시에는 사형에 처할 것이다!"

갈릴레이는 모든 결과를 받아들인다는 뜻으로 판결문에 서명했습니다.
이때 그가 작은 소리로 "그래도 지구는 돈다."라고 중얼거렸다는 소문이 있는데,
역사책 어디를 뒤져 봐도 그런 기록은 없습니다.
목숨을 구하기 위해 억지로 서명까지 한 사람이 그런 위험한 말을 했을까요?
아마도 갈릴레이의 신념이 그 정도로 굳건했다는 뜻일 겁니다.

그 후 갈릴레이는 피렌체에 있는 집으로 돌아왔습니다.
교황청에서 보낸 군인들이 대문을 지키고 있었으니
사실은 감옥이나 다름없었지요.
이곳에서 갈릴레이는 젊었을 때 발견했던 운동의 법칙을 계속 연구해서
또다시 역사에 남을 과학책을 썼는데, 이탈리아 사람들은 그 책을 읽지 못했습니다.
자신이 쓴 책 때문에 죽을 뻔했던 갈릴레이가
새로 쓴 원고를 네덜란드의 출판사로 보냈기 때문이지요.

1642년 1월 8일, 몇 명의 제자들과 아들이 지켜보는 가운데
갈릴레이는 78세의 나이로 조용히 숨을 거두었습니다.
끝내 죄인의 신분을 벗지 못하여
성당 안에 있는 가족 묘지에 묻히지 못했고, 묘비도 세울 수 없었지요.
이 세상 누구보다 과학을 사랑했던 최고의 과학자는
마지막 순간까지 명예를 회복하지 못하고 그렇게 세상을 떠났습니다.

그러나 지금 우리는 갈릴레이가 옳았다는 것을 잘 알고 있습니다.
후대의 과학자들이 갈릴레이의 탐구 정신을 이어받아
기어이 진실을 밝혀냈기 때문이지요.
오로지 책에 적힌 내용만 보고 천동설을 믿었던 성직자들과
직접 관측하고 분석하여 지동설을 주장했던 갈릴레이.
짧은 경주에서는 성직자들이 이겼지만,
긴 세월이 흐르면 결국 갈릴레이가 이길 수밖에 없는 경주였지요.

갈릴레이가 세상을 떠난 바로 그해 12월에
영국의 작은 마을에서 한 아이가 태어났습니다.
그 아이가 바로 갈릴레이의 억울함을 풀어 줄
역사상 최고의 천재 과학자, 아이작 뉴턴이었습니다.

 나의 첫 과학 클릭!

피사의 사탑 낙하 실험의 진실

갈릴레이가 피사 대학교의 교수였을 때, 피사의 사탑 꼭대기에 올라가
무게가 다른 두 물건을 떨어뜨리는 낙하 실험을 했다는 이야기가
전설처럼 전해 오고 있습니다.
탑이 기울어져 있으니 실험을 하기엔 안성맞춤이었겠지요.
하지만 이것은 피사 대학교 측의 주장일 뿐, 확실한 증거는 없습니다.
갈릴레이는 25살 때 피사 대학교 교수가 되었지만
월급이 너무 적어서 생활고에 시달리다가 28살 때 파도바 대학교로 직장을 옮겼고,
몇 년 후에는 피렌체로 이사했습니다. 세계적으로 유명해진 건 바로 이때부터였지요.

갈릴레이가 태어난 도시인 피사의 풍경

피사의 사탑

그러자 피사 대학교에서는
"그 유명한 갈릴레이가 우리 학교 교수였고, 낙하 실험도 사탑에서 했다."라고
주장하기 시작했습니다.
쥐꼬리만 한 월급으로 부려 먹을 때는 언제고…….
아무튼, 이 일화가 유명해진 것은 갈릴레이의 실험이
후대 과학자들에게 그만큼 많은 영향을 주었기 때문입니다.
"무작정 믿지 말고 실험과 관측으로 확인하라."
이것은 갈릴레이가 우리에게 남긴 가장 소중한 교훈입니다.

갈릴레이의 망원경

《두 가지 우주에 관한 대화》 속표지

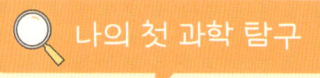
나의 첫 과학 탐구

지구가 움직이는데, 맞바람은 왜 안 불까?

지구가 움직이는데도 맞바람이 불지 않는 이유는 무엇일까요?
자동차가 아무리 빠르게 달려도 창문을 닫아 놓으면
차 안에는 바람이 불지 않는 것과 같은 이치입니다.
차 안의 공기는 자동차와 똑같은 속도로 움직이기 때문에,
차를 탄 사람은 바람을 느끼지 않습니다.
지구의 공기도 지구의 중력*에 묶여서 지구와 함께 움직이기 때문에,
그 위에 사는 사람들은 맞바람을 느끼지 않습니다.

● **중력** 지구가 물체를 끌어당기는 힘.

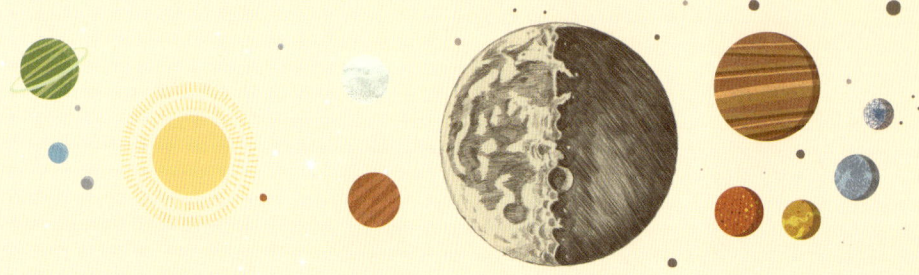

지구는 태양 주변을 돌면서 팽이처럼 혼자 돌고 있습니다.

태양 주변을 도는 것을 '공전'이라 하고,

팽이처럼 혼자 도는 것을 '자전'이라고 하지요.

공기는 지구처럼 단단한 물체가 아니어서

지구의 자전 때문에 조금씩 움직이고 있지만

그 속도는 자전 속도보다 훨씬 느리답니다.

과거에 천동설을 믿었던 사람들은 이 사실을 몰랐기 때문에

'맞바람이 불지 않는 것은 지구가 움직이지 않는다는 증거이다.'라고 주장했습니다.

갈릴레이가 이런 말을 듣고 얼마나 답답했을지 짐작이 가고도 남지요?

종교 재판을 받는 갈릴레이를 묘사한 그림

피렌체의 산타 크로체 성당에 있는 갈릴레이의 무덤. 1737년이 되어서야 제대로 된 무덤과 기념비가 만들어졌다.

글 박병철

연세대학교 물리학과를 졸업하고 한국과학기술원(KAIST)에서 이론물리학 박사 학위를 받았습니다. 30년 가까이 대학에서 학생들을 가르쳤으며 지금은 집필과 번역에 전념하고 있습니다. 어린이 과학동화 《별이 된 라이카》, 《생쥐들의 뉴턴 사수 작전》, 《외계인 에어로, 비행기를 만들다!》를 썼습니다. 2005년 제46회 한국출판문화상, 2016년 제34회 한국과학기술도서상 번역상을 수상했으며, 옮긴 책으로는 《페르마의 마지막 정리》, 《파인만의 물리학 강의》, 《평행우주》, 《신의 입자》, 《슈뢰딩거의 고양이를 찾아서》 등 100여 권이 있습니다.

그림 문구선

대학교에서 시각디자인을 전공했고, 대한민국 출판미술대전에서 특별상과 특선 등 다수의 상을 받았습니다. 어른도 함께 공감하는 그림을 그리려 노력하고 있으며, 오래 두고 다시 꺼내 보아도 감동을 줄 수 있는 그림책을 만드는 것이 꿈입니다. 그린 책으로는 《사라진 문》, 《우리 엄마가 좋은 10가지 이유》, 《할머니의 레시피》, 《동생이 싫어》, 《길이 보인다! 부릅뜨고 표지판》 등이 있습니다.

나의 첫 과학책 2 — 갈릴레오 갈릴레이

1판 1쇄 발행일 2022년 9월 26일

글 박병철 | **그림** 문구선 | **발행인** 김학원 | **편집** 이주은 | **디자인** 기하늘
저자·독자 서비스 humanist@humanistbooks.com | **용지** 화인페이퍼 | **인쇄** 삼조인쇄 | **제본** 영신사
발행처 휴먼어린이 | **출판등록** 제313-2006-000161호(2006년 7월 31일) | **주소** (03991) 서울시 마포구 동교로23길 76(연남동)
전화 02-335-4422 | **팩스** 02-334-3427 | **홈페이지** www.humanistbooks.com

글 ⓒ 박병철, 2022 그림 ⓒ 문구선, 2022
ISBN 978-89-6591-458-7 74400
ISBN 978-89-6591-456-3 74400(세트)

- 이 책은 저작권법에 따라 보호받는 저작물이므로 무단 전재와 무단 복제를 금합니다.
- 이 책의 전부 또는 일부를 이용하려면 반드시 저작권자와 휴먼어린이 출판사의 동의를 받아야 합니다.
- **사용연령 6세 이상** 종이에 베이거나 긁히지 않도록 조심하세요. 책 모서리가 날카로우니 던지거나 떨어뜨리지 마세요.